Nermine Ezz El-Dine

Biomarcadores de oxidação de proteínas em crianças com perturbação do espetro do autismo

Nermine Ezz El-Dine

Biomarcadores de oxidação de proteínas em crianças com perturbação do espetro do autismo

Stress oxidativo e autismo

ScienciaScripts

Imprint

Any brand names and product names mentioned in this book are subject to trademark, brand or patent protection and are trademarks or registered trademarks of their respective holders. The use of brand names, product names, common names, trade names, product descriptions etc. even without a particular marking in this work is in no way to be construed to mean that such names may be regarded as unrestricted in respect of trademark and brand protection legislation and could thus be used by anyone.

Cover image: www.ingimage.com

This book is a translation from the original published under ISBN 978-620-8-06337-5.

Publisher:
Sciencia Scripts
is a trademark of
Dodo Books Indian Ocean Ltd. and OmniScriptum S.R.L publishing group

120 High Road, East Finchley, London, N2 9ED, United Kingdom
Str. Armeneasca 28/1, office 1, Chisinau MD-2012, Republic of Moldova, Europe
Printed at: see last page
ISBN: 978-620-8-24663-1

Perturbação do espetro do autismo

Definição da Perturbação do Espectro do Autismo (PEA):

A definição de perturbação do espetro do autismo (PEA) e os seus critérios de diagnóstico mudaram várias vezes nos últimos cem anos. O autismo foi originalmente definido por Leo Kanner em 1943, com uma descrição clínica de 11 crianças que mostravam "extrema solidão desde o início da vida, não respondendo a nada que lhes chegasse do mundo exterior" (**Volkmar & McPartland, 2014**).

A PEA é uma perturbação complexa do neurodesenvolvimento comportamental da primeira infância que se encontra entre as mais graves em termos de incidência, morbilidade e impacto na sociedade (**Takahashi *et al.*, 2016**). Caracteriza-se por deficiências na comunicação e interação social, associadas a comportamentos ou interesses repetitivos restritos. A apresentação dessas deficiências é variável em termos de alcance e gravidade e muitas vezes muda com a aquisição de outras habilidades de desenvolvimento (**Kaat *et al.*, 2013**).

Etiologia da perturbação do espetro do autismo

A etiologia das PEA é complexa e, na maioria dos casos, os mecanismos patológicos subjacentes são desconhecidos. Há muito que se presume que existe uma causa comum a nível genético, cognitivo e neurológico para os sinais caraterísticos das PEA. No entanto, há cada vez mais suspeitas entre os investigadores de que as PEA não têm uma causa única, mas são provavelmente causadas por múltiplos factores que interagem de forma complexa (ou seja, genes, ambiente e cérebro) (**Won** *et al.*, **2013**).

> Factores genéticos:

Com base em numerosos estudos que foram realizados para elucidar os mecanismos patogénicos subjacentes às PEA, é amplamente aceite que as PEA são uma perturbação com fortes componentes genéticos. Em apoio a esta noção, as taxas de concordância para as PEA atingem até 90% em gémeos monozigóticos [gémeos idênticos] e 10% em gémeos dizigóticos [gémeos não idênticos] (**Veenstra-Vanderweele** *et al.*, **2003**). Estudos demonstraram que a probabilidade de os irmãos de crianças com PEA receberem um diagnóstico de PEA é cerca de 25 vezes superior à das crianças sem irmãos com PEA. O grande número de indivíduos com PEA com familiares não afectados pode resultar de variações no número de cópias (CNVs) - alterações espontâneas no material genético durante a meiose que eliminam ou duplicam material genético (figura 1) (**Geschwind, 2011**). Não foi identificado um único gene como responsável e a maioria dos investigadores em genética acredita que estão envolvidos vários genes. A investigação no domínio da genética sugere que pelo menos 40% dos casos de PEA podem ter uma causa ambiental (**Glessner** *et al.***, 2009**).

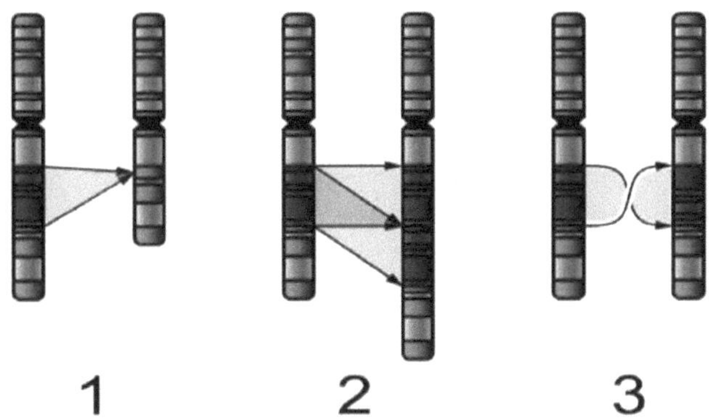

Figura (1): A deleção (1), a duplicação (2) e a inversão (3) são anomalias cromossómicas que estão implicadas na PEA (**Geschwind, 2011**).

➢ **Factores pré-natais:**

- Idade dos pais

O risco de uma criança desenvolver PEA está associado à idade da sua mãe (> 35 anos) e do seu pai (> 40 anos) à nascença (**Maenner** *et al.***, 2013**).

- **Utilização de medicamentos**

O mecanismo subjacente à associação sugerida entre o uso de medicamentos maternos e o TEA não é claro devido à variedade de medicamentos consumidos durante a gravidez. Embora muitos medicamentos possam atravessar a placenta e afetar o desenvolvimento fetal, como medicamentos psiquiátricos, uma maior frequência de uso de hormônios e drogas psicoativas (**Zerbo** *et al.***, 2015**).

- **Mercúrio**

Esta teoria coloca a hipótese de que as PEA estão associadas a envenenamento por mercúrio. A principal fonte de exposição humana ao mercúrio orgânico é através do consumo de peixe e para o mercúrio inorgânico é uma amálgama dentária. Outras formas de exposição, como em cosméticos e vacinas (**Blaucok** *et al.***, 2012**).

- **Infeção materna**

A infeção viral pré-natal tem sido referida como a principal causa não genética do TEA. A exposição pré-natal precoce à rubéola ou ao citomegalovírus ativa a reação imunitária da mãe e aumenta substancialmente o risco de PEA em indivíduos geneticamente susceptíveis (**Atladottir** *et al.***, 2010**).

- **Diabetes gestacional**

A diabetes gestacional é um fator de risco significativo para as PEA; uma meta-análise realizada em 2009 concluiu que a diabetes gestacional estava associada a um risco duas vezes maior de PEA. Embora a diabetes cause anomalias metabólicas e hormonais e stress oxidativo, não se conhece nenhum mecanismo biológico para a associação entre a diabetes gestacional e o risco de PEA (**Gardener** *et al.,* **2009**).

- **Pesticidas**

Verificou-se que as mulheres nas primeiras oito semanas de gravidez que foram expostas aos pesticidas organoclorados dicofol e endosulfan têm várias vezes mais probabilidades de dar à luz crianças com PEA *(***Roberts** *et al.,* **2008***)*.

- **Problemas da tiroide**

Foi postulado que os problemas da tiroide que levam à deficiência de tiroxina na mãe nas semanas 8-12 da gravidez produzem alterações no cérebro do feto que conduzem às PEA *(***Román, 2007***)*.

- **Stress**

Foi levantada a hipótese de que a pressão pré-natal, incluindo a exposição a actividades da vida ou ao stress ambiental que afligem a futura mãe, contribui para as PEA, muito provavelmente como parte de uma interação gene-ambiente (**Kinney** *et al.,*

2008).

> **Factores pós-natais:**

Uma grande variedade de fatores pós-natais que contribuem para o TEA tem sido proposta. O assunto permanece controverso e as evidências para esses fatores de risco são anedóticas e não foram confirmadas (**Landrigan, 2010**).

- **Falta de vitamina D**

Esta teoria coloca a hipótese de que as PEA são causadas por uma deficiência de vitamina D e que o aumento dos casos diagnosticados de PEA se deve aos conselhos médicos para evitar o sol. A teoria não foi estudada cientificamente (**Cannell, 2010**).

- **Paracetamol**

Um estudo preliminar de caso-controlo apresentou provas de que o paracetamol está aparentemente associado ao desenvolvimento de PEA em crianças com idades compreendidas entre 1 e 5 anos. O efeito não foi confirmado de forma independente (**Schultz *et al.,* 2012**). Outra especulação para a hipótese é que o paracetamol começou a substituir a aspirina para bebés e crianças pequenas na década de 1980, mais ou menos na mesma altura em que o número de casos conhecidos (**Good, 2010**).

- Mercúrio

Esta teoria coloca a hipótese de uma possível associação entre a PEA e a exposição ao mercúrio (Hg) do timerosal, um conservante adicionado a muitas vacinas (**Blaucok *et al.*, 2012**).

Stress oxidativo

Esta teoria coloca a hipótese de que o stress oxidativo pode causar PEA em alguns casos. As evidências incluem a redução da capacidade antioxidante, alterações enzimáticas, aumento dos biomarcadores de stress oxidativo e que o stress danifica as células de Purkinje no cerebelo (**Chauhan *et al.*, 2012**).

Sintomas e caraterísticas clínicas da Perturbação do Espectro do Autismo

O diagnóstico de PEA baseia-se principalmente na presença de dois sintomas principais acima referidos: défices de comunicação social e interesses/comportamentos restritos e repetitivos, de acordo com os critérios de diagnóstico do Manual de Diagnóstico e Estatística das Perturbações Mentais, 5.ª edição (DSM-5) para as PEA (**Grzadzinski *et al.*, 2013**). Estes sintomas começam gradualmente após os seis meses de idade, estabelecem-se aos dois ou três anos de idade e tendem a manter-se durante a idade adulta, embora muitas vezes de forma mais branda (**Guthrie *et al.*, 2013**).

- Dificuldades de comunicação social

As crianças com PEA têm frequentemente gestos limitados, linguagem corporal inadequada e/ou fazem declarações honestas ou inadequadas a outras pessoas que deveriam ser mantidas em segredo. Os défices nas interações de comunicação social podem também afetar a capacidade de iniciar, manter e terminar conversas com colegas ou adultos, e variam entre os indivíduos com PEA; alguns têm um atraso na aprendizagem da fala e do uso da linguagem. Estas crianças normalmente não compensam com gestos e apontamentos extensos. Em vez disso, as crianças pequenas podem colocar a mão de um adulto sobre o que querem, puxar o adulto para o objeto a que querem aceder, ou envolver-se em comportamentos problemáticos para expressar a sua mensagem. As pessoas com PEA podem ter uma maior capacidade de linguagem verbal, mas não têm capacidade de conversação recíproca. Ele não espera pelos comentários do seu par nem repara na reação da pessoa à sua conversa inicial. Na verdade, acredita que, uma vez que está interessado no tópico, todos os outros também estão (**Won** *et al.*, **2013**).

- Repertório restrito de actividades ou interesses

A outra área significativa dos critérios do DSM-V envolve comportamentos repetitivos, restritivos e estereotipados. Também este varia consoante o indivíduo, a idade, as circunstâncias e o nível de consciência em relação aos outros. Balançar o corpo, agitar-se, girar ou balançar todo ou partes do corpo, por exemplo, são comportamentos estereotipados. Pode ocorrer quando o indivíduo está ansioso ou agitado em casa, na escola e em situações comunitárias (**Nazeer & Ghaziuddin, 2012**).

Para além destas caraterísticas, os indivíduos com PEA podem ter dificuldade em ir à casa de banho, podem desenvolver convulsões, podem não dormir bem durante a noite e podem ter outros problemas de saúde (por exemplo, infecções precoces contínuas, problemas gastrointestinais) (**Grzadzinski** *et al.,* **2013**).

Epidemiologia da perturbação do espetro do autismo

A incidência registada de PEA aumentou dramaticamente nas últimas duas décadas. As taxas de prevalência têm vindo a aumentar de forma constante desde os anos 60, e não é totalmente claro até que ponto isto reflecte um verdadeiro aumento da prevalência ou uma maior sensibilização para as PEA e o seu diagnóstico. Os primeiros estudos sobre a prevalência das PEA, efectuados nas décadas de 1960 e 1970 na Europa e nos Estados Unidos, apresentavam estimativas de prevalência na ordem dos 2 a 4 casos por cada 10.000 crianças (**Rutter,** 2005). Na sequência de uma expansão dos critérios de diagnóstico das PEA que ocorreu no final da década de 1980 e na década de 1990, os estudos de prevalência das PEA em todo o mundo revelaram aumentos dramáticos (**Fombonne, 2009**)

A incidência de Perturbações do Espectro do Autismo (PEA) em crianças é uma preocupação alarmante nos países ocidentais. Ao contrário dos países ocidentais, o conhecimento sobre a incidência das PEA no mundo árabe é muito limitado e não existem relatórios concretos sobre esta região. A prevalência de PEA no Mediterrâneo Oriental é a seguinte 29/10.000 nos Emirados Árabes Unidos (**Taha & Hussein, 2014**), 1,4/10.000 em Omã (**Al-Farsi *et al.*, 2011**), 18 por 10.000 na Arábia Saudita (**Al-Salehi *et al.*, 2009**), e 6,3/10.000 no Irão (**Samadi & McConkey, 2011**). A prevalência relativamente baixa nos estudos de Omã e do Irão foi atribuída à prevalência causada pelo subdiagnóstico e pela subnotificação de casos resultantes do acesso limitado aos centros de atendimento (**Al-Farsi *et al.*, 2011**).

O Centro de Controlo e Prevenção de Doenças (CDC) realizou um estudo epidemiológico em 2009 que estimava que 1 em cada 110 crianças tinha perturbações do espetro do autismo nos Estados Unidos, número que aumentou e afectou 1 em cada 68 crianças em 2014.

O aumento registado é em grande parte atribuível a alterações nas práticas de diagnóstico, disponibilidade de serviços, idade de prognóstico e sensibilização do público. Outra estimativa recente coloca o fardo das PEA em 1 em cada 132 pessoas (ou seja, 7,6 por 1000 pessoas), com poucas variações em todo o mundo, colocando esta perturbação como uma das perturbações invasivas do desenvolvimento mais comuns e aumentando as preocupações do público. Os rapazes correm maior risco de sofrer de PEA do que as raparigas; a ocorrência de PEA é quatro a cinco vezes mais prevalente no sexo masculino do que no feminino [1 em 42 rapazes versus 1 em 189 raparigas] (**Abruzzo** *et al.*, **2015**).

- Prevalência das PEA nas crianças egípcias

O Egito não dispõe de estatísticas específicas sobre a taxa de incidência de PEA no país. Não existe um número exato que indique a prevalência de PEA entre as crianças egípcias. A prevalência de PEA entre as crianças com perturbações do desenvolvimento no Egito foi documentada como sendo de 33,6% e esta descoberta preliminar precisa de ser corroborada e alargada, em conjunto com melhores descrições do desenvolvimento normal da primeira infância (**Seif eldin** *et al.*, **2008**). A Egyptian Autistic Society referiu que a taxa de prevalência de PEA é de cerca de uma em cada 250-300 crianças. Não foram encontradas variações sociodemográficas significativas por contexto geográfico ou agrupamento entre as crianças egípcias com PEA (**Mendoza, 2010**).

Cuidar de uma criança com Perturbações do Espectro do Autismo pode representar um pesado encargo económico para as famílias e as comunidades, que se estende para além do pagamento dos serviços e do apoio à criança. Nos Estados Unidos, estima-se que o custo total por ano para uma criança desde o nascimento até aos 17 anos de idade se situe entre 11,5 mil milhões de dólares e 60,9 mil milhões de dólares (**Cidav *et al.*, 2014**).

Instrumentos de diagnóstico da perturbação do espetro do autismo

O prognóstico da PEA é efectuado por um grupo de profissionais com experiência nesta perturbação. Atualmente, pode não existir nenhum teste laboratorial ou genético para diagnosticar o autismo. O rendimento diagnóstico das investigações biomédicas é baixo (**Schaefer & Mendelsohn, 2013**). O reconhecimento precoce dos sintomas de PEA pode ajudar as crianças afectadas a aumentar as suas capacidades de adaptação, permitindo uma melhor integração social e, subsequentemente, conduzindo a um menor grau de deficiência. A identificação de crianças pequenas com PEA é importante à luz dos resultados que indicam que a intervenção precoce é poderosa para muitas crianças (**Chauhan & Chauhan, 2015**).

Uma visão geral dos instrumentos de diagnóstico utilizados:

- **O Autism Diagnostic Observation Schedule (ADOS)** é uma análise padronizada, semi-estruturada e baseada na observação da interação social, das brincadeiras e da comunicação de crianças e adultos com suspeita de PEA; consiste em quatro módulos apropriados para vários níveis de linguagem e desenvolvimento (não verbal a verbalmente fluente) e é administrado diretamente ao indivíduo por um examinador (**Lord** *et al.,* **2000**).

- **Entrevista clínica baseada no Manual de Diagnóstico e Estatística das Perturbações Mentais, 4.ª edição (DSM-IV):** O DSM-IV articula critérios para o diagnóstico de PEA que incluem deficiências nas áreas da interação social; comunicação; padrões de comportamento, interesses e actividades restritos, repetitivos e estereotipados; e atrasos na interação social/comunicação e no jogo simbólico ou imaginativo. A avaliação clínica da sintomatologia autista com base nos critérios do DSM-IV é considerada o padrão de excelência para o diagnóstico das PEA (**American Psychiatric Association, 2000**).

- **A Entrevista de Diagnóstico de Autismo-Revista (ADI-R)** é uma avaliação clínica padronizada e semi-estruturada administrada por médicos a cuidadores de crianças com suspeita de PEA; incide sobre comportamentos nas áreas da interação social, comunicação e linguagem, e comportamentos e interesses repetitivos, restritos e estereotipados. A pontuação baseia-se no julgamento do clínico em relação às respostas do prestador de cuidados relativamente ao comportamento do sujeito; pontuações mais elevadas indicam um comportamento problemático num determinado domínio (**Rutter** *et al.,* **2003**).

- **Escala de Responsividade Social (*5RS*)** escala de rastreio relatada pelo prestador de cuidados ou pelo professor, concebida para ser utilizada em crianças com idades compreendidas entre os 4 e os 18 anos; gera pontuações relacionadas com aspectos cognitivos, expressivos, receptivos e motivacionais do comportamento social, para além de preocupações autistas; pode ser utilizada para distinguir as PEA de outras perturbações psiquiátricas da infância (**Constantino *et al.*, 2005**).

- **A quinta edição do Manual de Diagnóstico e Estatística das Perturbações Mentais (DSM-V)** representa uma forma nova, mais exacta e útil do ponto de vista médico e científico, de diagnosticar indivíduos com perturbações relacionadas com o autismo. De acordo com os critérios do DSM-5, os indivíduos com PEA devem apresentar sintomas desde a primeira infância, mesmo que esses sintomas só sejam reconhecidos mais tarde. Esta alteração dos critérios incentiva o diagnóstico precoce das PEA, mas também permite que as pessoas cujos sintomas podem não ser totalmente reconhecidos até que as exigências sociais excedam a sua capacidade recebam o diagnóstico (**American Psychiatric Association, 2013**).

- **A Escala de Avaliação do Autismo Infantil (CARS)** é uma escala baseada na observação comportamental que aborda mais de 10 domínios tipicamente afectados nas Perturbações do Espectro do Autismo (por exemplo, socialização, comunicação, capacidade de resposta emocional), classificados pelo examinador numa escala de 1 (comportamento adequado) a 4 (comportamento gravemente anormal). As pontuações totais inferiores a 30 não indicam PEA, as pontuações de 30-36 reflectem comportamentos de PEA ligeiros a moderados e as pontuações entre 37 e 60 indicam comportamentos de PEA graves; destina-se a ser utilizado em conjunto com outros instrumentos para diagnosticar PEA e avaliar a gravidade dos sintomas de PEA (**Schopler** *et al.,* **1993**).

Stress oxidativo

Definição de "stress oxidativo"

O termo stress oxidativo começou a ser utilizado com frequência na década de 1970, mas as suas origens conceptuais remontam à década de 1950, quando os investigadores pensavam nos efeitos tóxicos da radiação ionizante, nos radicais livres e nos efeitos tóxicos semelhantes do oxigénio molecular, bem como na potencial contribuição destes processos para o fenómeno do envelhecimento (**Sies, 2015**).

O stress oxidativo é um estado em que a oxidação excede a capacidade antioxidante de uma célula porque se perdeu o equilíbrio entre eles. No entanto, o stress oxidativo é prejudicial para os sistemas do corpo, mas é realmente útil em alguns casos.

Em condições normais, existe um equilíbrio dinâmico entre a produção de espécies reactivas de oxigénio (ROS) e o potencial antioxidante da célula (**Mekha *et al.*, 2013**).

- A natureza dos radicais livres:

Quimicamente, um átomo é normalmente composto por um núcleo central com pares de electrões a orbitar à sua volta. No entanto, alguns átomos e moléculas têm electrões não emparelhados e estes são chamados radicais livres. Os radicais livres são geralmente instáveis e altamente reactivos porque os electrões não emparelhados tendem a formar pares com outros electrões. A maioria dos radicais livres provém da molécula de oxigénio (o_2) e são designados espécies reactivas de oxigénio (ERO), como o ião superóxido, o radical hidroxilo, o peróxido de hidrogénio e o oxigénio singlete. Durante o processo de produção de ATP, o oxigénio molecular é reduzido a água através de uma série de reacções que produzem ROS intermédios (**Chauhan & Chauhan, 2006**).

$$O_2 + e^- + H^+ \rightarrow HO_2^\bullet$$
$$HO_2^\bullet \rightarrow H+ + O_2^-$$
$$O_2^- + 2H^+ + e^- \rightarrow H_2O_2$$
$$H_2O_2 + e^- \rightarrow HO^\bullet + HO^\bullet$$
$$HO^\bullet + e^- + H^+ \rightarrow H_2O$$

O anião superóxido ($Ü_2\cdot$) é o primeiro produto de redução do oxigénio molecular e o nosso organismo pode neutralizá-lo através da produção de superóxido dismutase. O peróxido de hidrogénio (H_2O_2) não é um radical livre que pode reagir com metais de transição, como o ferro, e produzir o radical hidroxilo ($^{\cdot}OH$), altamente reativo. A maioria dos efeitos tóxicos deve-se à formação de radicais hidroxilo, que podem danificar a maioria das moléculas orgânicas, como os hidratos de carbono, o ADN, os lípidos e as proteínas (**Granot & Kohen, 2004**).

Espécies reactivas de oxigénio (ROS)

Espécies reactivas de oxigénio é um termo coletivo utilizado para um grupo de oxidantes, que são radicais ou espécies moleculares capazes de produzir radicais livres. Em condições fisiológicas normais, são gerados iões superóxido, peróxido de hidrogénio, óxido nítrico e outros radicais. A produção de ROS intracelulares pode ativar as vias de sinalização intracelular. A produção excessiva de ROS provoca a modificação oxidativa de biomoléculas, tais como lípidos, proteínas e ácidos nucleicos, o que acaba por provocar várias doenças. Os ERO podem provocar danos oxidativos sob a forma de oxidação das proteínas, resultando na perda da função proteica, disfunção celular e, por fim, morte celular. Em condições fisiológicas normais, cerca de 2% do oxigénio consumido pelo organismo é transformado em $O_2^{\cdot}$ através da respiração mitocondrial, fagocitose, etc. A percentagem de ROS aumenta durante as infecções, o exercício físico, a exposição a poluentes, a luz ultra-violeta, as radiações ionizantes, etc. Normalmente, as ERO no interior das células são neutralizadas por mecanismos de defesa antioxidantes *(González et al.,* **2013**).

Fontes de espécies reactivas de oxigénio:

A célula está exposta a uma grande variedade de ROS e de espécies reactivas de azoto (RNS), tanto de fontes exógenas como endógenas (figura 2). Embora a exposição do ser humano às ROS seja extremamente elevada a partir de fontes exógenas, a exposição a fontes endógenas é muito mais importante e extensa, porque é um processo contínuo durante o tempo de vida de todas as células do corpo **(Thanan *et al.,* 2014).**

Os glóbulos brancos, incluindo neutrófilos, eosinófilos, basófilos e células mononucleares (monócitos), e os linfócitos, com os seus mecanismos de combate a bactérias e outros invasores, são grandes produtores de ERO endógenas. Estas células sofrem uma explosão respiratória caracterizada por um aumento de 20 vezes no consumo de oxigénio, que é acompanhado por um aumento na utilização de glicose e produção de nicotinamida adenina dinucleótido fosfato reduzido (NADPH), este complexo NADPH oxidase utiliza electrões para produzir radicais superóxido a partir da molécula de oxigénio (**Forman & Torres, 2001**).

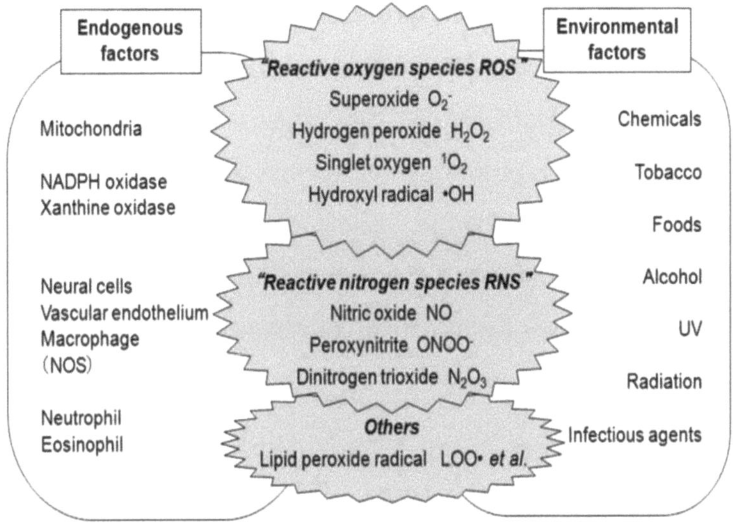

Figura (2): Fontes de ROS e RNS provenientes de factores endógenos e ambientais (**Thanan *et al.*, 2014**).

As redes biológicas anti-oxidativas do organismo

Os antioxidantes são compostos químicos capazes de se ligarem aos radicais livres, impedindo-os de afetar as células saudáveis. Os antioxidantes podem ser divididos em subtipos enzimáticos e não enzimáticos. O organismo produz várias enzimas antioxidantes, como a catalase, as glutationas peroxidases (GPx) e a superóxido dismutase (SOD). Estas enzimas requerem micronutrientes como cofactores, tais como selénio, ferro, cobre, zinco e manganês, para uma atividade catalítica óptima e um mecanismo de defesa antioxidante eficaz (**Yao & Keshavan, 2011**).

Os antioxidantes não enzimáticos incluem o glutatião, a transferrina de ligação ao ferro, a ceruloplasmina de ligação ao cobre, bem como as vitaminas antioxidantes obtidas através dos alimentos, como o a-tocoferol (vitamina E) e o ácido ascórbico (vitamina C). O glutatião é o antioxidante mais importante para a desintoxicação e eliminação de toxinas ambientais. Os tipos gerais de substâncias antioxidantes são capazes de responder diretamente aos radicais livres e de os eliminar, protegendo o organismo contra os danos oxidativos, sendo por isso designados por antioxidantes removedores de radicais (**Pisoschi & Pop, 2015**).

Stress oxidativo e perturbação do espetro do autismo

O stress oxidativo é um estado disfuncional das células vivas, que ocorre quando os níveis de ROS excedem a capacidade antioxidante de uma célula. Estas ROS são altamente tóxicas e reagem com lípidos, proteínas e ácidos nucleicos, conduzindo à morte celular por apoptose ou necrose (**Chauhan & Chauhan, 2006**).

O cérebro dos mamíferos representa cerca de 2% da massa corporal, mas consome 20% do oxigénio metabólico. A grande maioria da energia é utilizada pelos neurónios. O cérebro é altamente vulnerável a danos oxidativos devido à sua capacidade antioxidante limitada, maior necessidade de energia e maiores quantidades de lípidos e ferro. Devido à falta de capacidade de produção de glutatião pelos neurónios, o cérebro tem uma capacidade limitada para desintoxicar as ERO. Por conseguinte, os neurónios são as primeiras células a serem afectadas pelo aumento das ERO e pela escassez de antioxidantes e, consequentemente, são as mais susceptíveis ao stress oxidativo **(Chauhan & Chauhan, 2006).**

As crianças são mais susceptíveis do que os adultos ao stress oxidativo devido aos seus níveis naturalmente baixos de glutatião desde a conceção até à infância. O risco criado por este défice natural da capacidade de desintoxicação nos bebés é aumentado pelo facto de alguns factores ambientais que induzem o stress oxidativo se encontrarem em concentrações mais elevadas nos bebés em desenvolvimento do que nas suas mães e se acumularem na placenta **(Smaga *et al*, 2015).**

Muitos estudos sugerem que o cérebro é altamente vulnerável ao stress oxidativo, particularmente durante a fase inicial do desenvolvimento, o que pode resultar em perturbações do neurodesenvolvimento. Os antioxidantes são necessários para a sobrevivência dos neurónios durante o período crítico inicial. Os danos oxidativos continuam a ser o principal fator associado à fisiopatologia de muitas doenças neuropsiquiátricas, como a depressão, a ansiedade e a esquizofrenia. De facto, provas recentes apontam para um aumento do stress oxidativo na PEA **(Chauhan & Chauhan, 2015).**

O stress oxidativo na PEA pode ser causado por um desequilíbrio entre a produção de ROS por pró-oxidantes endógenos/exógenos e o mecanismo de defesa contra os ROS por antioxidantes. A figura 3 apresenta um potencial mecanismo de stress oxidativo na PEA. Vários factores que levam ao aumento do stress oxidativo na PEA são, por exemplo, o metabolismo anormal do ferro e do cobre, alterações nas enzimas antioxidantes, aumento do óxido nítrico, disfunção mitocondrial e metabolismo energético anormal (**Chauhan & Chauhan, 2006**).

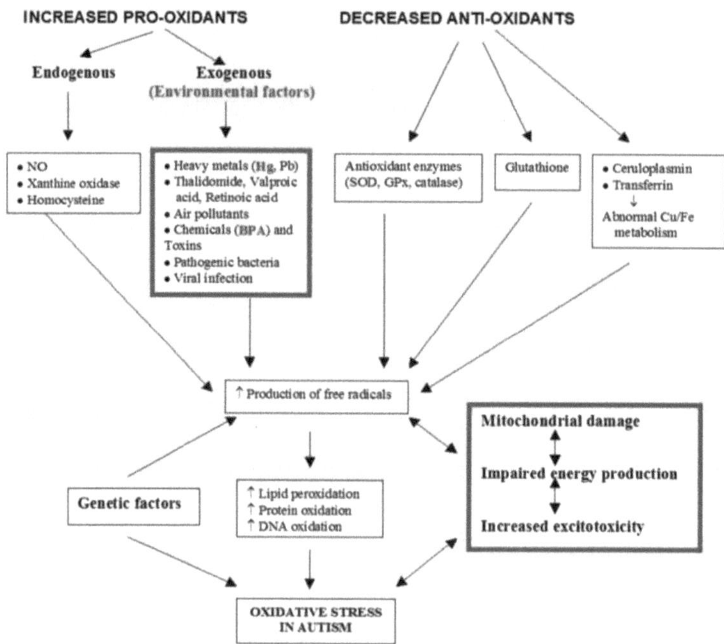

Figura (3): Potencial mecanismo de stress oxidativo na PEA (**Chauhan & Chauhan, 2006**).

Biomarcadores do stress oxidativo na PEA

De um modo geral, os biomarcadores são parâmetros biológicos que diferem entre processos normais e patológicos e podem ser utilizados como indicadores de diagnóstico, prognóstico e avaliação de resultados terapêuticos. A análise de microarranjos cromossómicos, amplamente acessível, não consegue identificar marcadores genéticos em cerca de 70% das crianças com PEA. Uma vez que o fenótipo clínico das PEA se sobrepõe, especialmente nas idades precoces, a muitas outras condições clínicas, como as Perturbações de Défice de Atenção e Hiperatividade (PHDA), ou a Perturbação Específica da Linguagem grave, a falta de biomarcadores específicos para as PEA torna o diagnóstico muito difícil para os pediatras, em particular quando se trata de um fenótipo muito ligeiro do espetro autista (**Abruzzo *et al.*, 2015).**

Os biomarcadores da PEA também são necessários para fins de prognóstico. De facto, os biomarcadores periféricos são potencialmente mais fáceis e menos dispendiosos de analisar, quando comparados com a sequenciação de todo o genoma ou com a imagiologia cerebral. Os marcadores encontrados no sangue, na urina e noutros fluidos biológicos podem fornecer informações de valor diagnóstico. Foram propostos muitos marcadores, incluindo o malondialdeído e o 4-hidroxinonenal como marcadores de danos oxidativos nos lípidos; a 8-hidroxiguanina como indicador de danos oxidativos no ADN; e vários produtos da oxidação de proteínas e aminoácidos. Os biomarcadores relacionados com a oxidação das proteínas têm a grande vantagem de se formarem geralmente cedo e de serem mais estáveis em comparação com outros parâmetros de stress oxidativo (**Abruzzo *et al.*, 2015**).

Os sistemas de defesa antioxidante nas PEA mostram níveis reduzidos das principais proteínas séricas antioxidantes, nomeadamente, a transferrina (proteína de ligação ao ferro) e a ceruloplasmina (proteína de ligação ao cobre) em crianças com PEA. Foram registados níveis sanguíneos diminuídos de glutatião reduzido, glutatião peroxidase (GSH-Px), glutatião oxidado aumentado em doentes autistas em comparação com indivíduos saudáveis. Além disso, a atividade da SOD eritrocitária e a GSH-Px plasmática em crianças com PEA são significativamente mais baixas do que em indivíduos com desenvolvimento normal. Estes resultados indicam que as crianças com PEA têm um nível baixo de sistemas de enzimas antioxidantes no sangue (**Al-Gadani *et al.*, 2009**).

Óxido Nítrico:

O óxido nítrico (NO) é uma importante molécula de sinalização celular envolvida em muitos processos fisiológicos e patológicos. É sintetizado a partir do aminoácido L-arginina através da atividade das óxido nítrico sintases (NOS), que existem nos neurónios e nos tecidos periféricos. Existem três isoformas da enzima NOS: NOS neuronal (nNOS); NOS endotelial (eNOS); e NOS induzível (iNOS). A enzima neuronal e as isoformas endoteliais são dependentes do cálcio e expressas constitutivamente como constituintes normais das células saudáveis, enquanto a isoforma induzível exerce a sua atividade de forma independente do cálcio **(Forstermann, 2010).**

A atividade da eNOS e da nNOS requer a formação de complexos cálcio/calmodulina para a formação adequada do dímero de uma sintetase ativa. A estimulação do recetor N-metil-D-aspartato (NMDA) pelo glutamato leva à abertura de canais de iões cálcio (Ca^{2+}), aumentando a concentração intracelular de Ca^{2+} e a ativação da eNOS e da nNOS. A indução da iNOS é mediada principalmente pela citocina interferão, em combinação com o fator de necrose tumoral e a interleucina-1 **(Verma *et al.*, 2013).**

As três isoformas da NOS necessitam de co-factores, como a tetrahidrobiopterina, o heme, o mononucleótido de flavina, o dinucleótido de flavina adenina e o fosfato reduzido de dinucleótido de nicotinamida-adenina, para a sua atividade catalítica. A NOS oxida o grupo guanidina da L- arginina de uma forma que consome 5 electrões e resulta na formação de NO com a produção de L-citrulina como mostra a figura (4) **(Lima-Cabello *et al., 2016).*

Figura (4): Formação de óxido nítrico (**Calabrese** *et al.*, 2007).

O óxido nítrico tem sido implicado numa série de funções fisiológicas, como a libertação de noradrenalina e dopamina, a memória e a aprendizagem. Pode também atuar como uma molécula mensageira neural que regula a neurotransmissão no tecido nervoso, e sabe-se também que afecta a função e o desenvolvimento do Sistema Nervoso Central (SNC) (**Essa** *et al.*, **2012).**

No SNC, o NO tem um papel importante na regulação da plasticidade sináptica que está envolvida em processos cognitivos, como a memória. O glutamato, um neurotransmissor no cerebelo, é produzido e libertado por uma sinapse e depois ativa o recetor NMDA cerebelar (subtipo de receptores de glutamato). Isto leva a um influxo de iões de cálcio que, por sua vez, se ligam à calmodulina, activando a enzima sintase neuronal. A NOS sintetiza NO dependendo da disponibilidade de L-arginina, que é principalmente fornecida por locais extra-neuronais [principalmente células gliais] (**Delorme** *et al.*, **2010).**

Os ácidos gordos polinsaturados (PUFA) localizados nas membranas celulares do SNC podem reagir facilmente com radicais livres e sofrer peroxidação. A fosfolipase A2 é a enzima principal e limitadora da taxa de metabolismo dos fosfolípidos das membranas e da síntese de prostaglandinas, iniciando a libertação de ácido araquidónico a partir de determinados fosfolípidos. O ácido araquidónico e alguns outros PUFA concentram-se seletivamente na substância cinzenta do cérebro. As actividades da fosfolipase plasmática estavam significativamente aumentadas num doente com esquizofrenia em comparação com um controlo saudável e psiquiátrico, mostrando uma degradação acelerada dos fosfolípidos da membrana (**Yui *et al.*, 2016**).

O NO interage com lípidos insaturados tanto in vitro como in vivo através de uma série de mecanismos complicados, que levam ao início da oxidação. A suscetibilidade selectiva dos lípidos da membrana neuronal à peroxidação pode afetar o neurodesenvolvimento, bem como a transdução de sinais mediada por receptores de membrana de neurotransmissores, hormonas, factores de crescimento e o transporte de nutrientes e iões. Estes efeitos podem mesmo levar à morte neuronal, contribuindo assim para neuropatologias complexas. Globalmente, uma vez que a peroxidação lipídica resultante do NO e das ROS pode alterar a qualidade e a quantidade de fosfolípidos da membrana, estas alterações podem contribuir para a fisiopatologia das perturbações neuropsiquiátricas (**Yui *et al.*, 2016**).

O papel vital do NO no cérebro pode mudar e tornar-se tóxico se o NO for produzido em excesso; além disso, se uma célula estiver num estado pró-oxidante, o NO pode passar por reacções oxidativas-redutoras para formar compostos tóxicos conhecidos como "espécies reactivas de azoto", que causam danos celulares. Recentemente, o termo "stress nitrosativo" foi utilizado para indicar os danos celulares produzidos pelo excesso de NO e de RNS (principalmente peroxinitrito) (**Calabrese *et al.*, 2007**).

Quando o NO é produzido em excesso, torna-se um dos radicais livres nocivos e pode reagir com Ü2· levando à formação de peroxinitrito (ONOO·) (figura 5), que é uma espécie altamente reactiva que contribui para a nitração de proteínas e danos oxidativos cerebrais (**Saxena & Shekhawat, 2013**). Além disso, o NO tem um papel importante na etiologia dos transtornos de ansiedade, esquizofrenia, transtorno bipolar e depressão, principalmente através da participação na neurotransmissão, neuromodulação e plasticidade sináptica (**Ankarali *et al.*, 2009**).

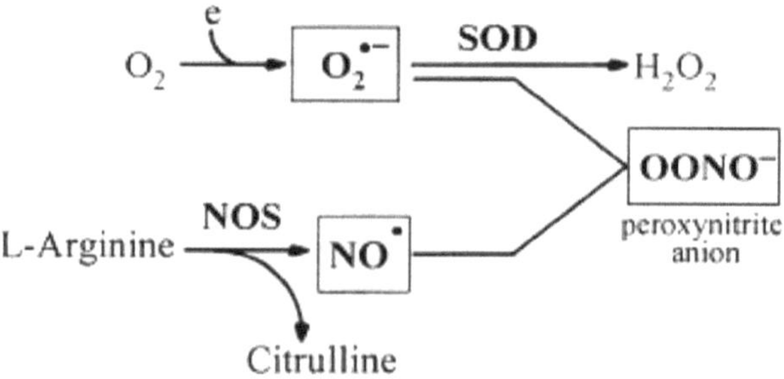

Figura (5): Produção de óxido nítrico e peroxinitrito (**Ankarali *et al.*,**

2009).

De facto, as quantidades fisiológicas deste gás são neuroprotectoras e essenciais para a transmissão nervosa normal, ao passo que as concentrações mais elevadas são neurotóxicas e podem causar stress oxidativo nos neurónios, prejudicando, em última análise, a função neuronal e resultando na morte das células neuronais (**Das, 2013**).

Nitração de resíduos de tirosina de proteínas:

A nitração de resíduos de tirosina em proteínas é considerada um marcador de oxidação proteica que está associada ao stress nitrosativo, resultando na formação de 3-nitrotirosina (3-NT) (**Bayden *et al.*, 2011**). O derivado oxidado da tirosina proteica, 3-NT, fornece um marcador bioquímico estável de danos proteicos oxidativos que são provocados pela ação de RNS como o NO ou $ONOO^-$, resultando na substituição de um hidrogénio por um grupo nitro (NO_2) em posição orto em relação ao grupo hidroxilo fenólico), como se mostra na figura (6). O 3-NT representa um marcador muito estável e adequado para análise, sendo considerado como um marcador de stress nitrosativo, uma vez que a sua produção envolve NO e peroxinitrito (**Teixeira *et al.*, 2016**).

Figura (6): Mecanismo de nitração da tirosina (**Teixeira** *et al.,* **2016**).

Existem duas vias principais que conduzem à produção de 3-NT (figura 7). Ambas as vias têm origem no óxido nítrico. Na via (1), o NO reage com o anião superóxido para gerar OONO·. Na segunda via, o óxido nítrico produz nitrito (NÜ2·) por autoxidação. O nitrito reage então com o peróxido de hidrogénio (H2O2), catalisado por peroxidases contendo hemácias e, principalmente, pela mieloperoxidase, para formar NO2, que conduzirá então à nitração das proteínas. A via baseada no peroxinitrito parece ser a via predominante na nitração de proteínas in vivo, que pode causar danos nos tecidos e morte celular (**Radi, 2012**).

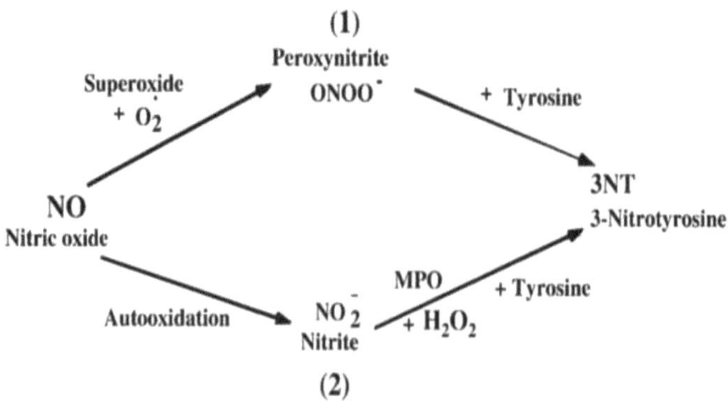

Figura (7): Formação de 3-nitrotirosina a partir de óxido nítrico (**Bayden**

et al., **2011**).

A nitração da tirosina está presente em várias condições patológicas, incluindo acidentes vasculares cerebrais, envelhecimento, doenças neurodegenerativas, processos inflamatórios e cancro. A proteína de choque térmico 90 (Hsp90) é uma chaperona molecular pró-sobrevivência que é nitrada apenas em condições patológicas. Um estudo mais recente mostrou que a nitração da tirosina não é um dano colateral, mas desempenha um papel real na indução da morte celular nos neurónios motores. A nitração de um único resíduo de tirosina na Hsp90 é suficiente para transformar a chaperona pró-sobrevivência numa proteína tóxica que induz a morte do neurónio motor (**Franco *et al.*, 2015**).

A nitração da tirosina poderia igualmente impedir a fosforilação da fração "OH" nos resíduos de tirosina, tornando assim essa proteína disfuncional e potencialmente

levando à morte celular. A nitração das proteínas pode levar a danos irreversíveis nas proteínas e também alterar o estado energético dos neurónios através da inativação de enzimas-chave, como, por exemplo, a nitração resulta na inativação de várias proteínas importantes de mamíferos, como a SOD de manganês, a SOD de cobre/zinco, a actina e a tirosina hidroxilase, e provavelmente interfere com a sinalização celular mediada pela fosforilação da tirosina devido a efeitos estéricos (**Butterfield *et al.*, 2007**).

Foram registados níveis elevados de 3-NT em várias patologias humanas, como a aterosclerose, a esclerose múltipla, a doença de Alzheimer, a doença de Parkinson, a asma, a esclerose lateral amiotrófica e a diabetes. Vários estudos documentaram uma oxidação significativa das proteínas no tecido cerebral através da análise dos níveis de 3-NT (**Rose *et al.*, 2012**).

Carbonilação de proteínas:

A carbonilação é um tipo de oxidação de proteínas que ocorre através de espécies reactivas de oxigénio. A quantificação do teor de carbonilo proteico (PC) representa um indicador útil da modificação oxidativa das proteínas durante os processos patológicos. Estas moléculas são quimicamente estáveis, o que é útil tanto para a sua deteção como para o seu armazenamento (**Cristalli** *et al.*, **2012**). Os grupos carbonilo (C=O) (aldeídos e cetonas) podem ser introduzidos nas proteínas por oxidação direta catalisada por metais das cadeias laterais de aminoácidos, quando os iões de metais de transição são reduzidos na presença de peróxido de hidrogénio com a geração de radicais hidroxilo altamente reactivos **fGalligan *et al.*, 2012**).

A utilização dos grupos C=O das proteínas como marcador tem algumas vantagens, tais como a formação relativamente precoce e a estabilidade relativa das proteínas oxidadas. Curiosamente, os grupos C=O das proteínas formam-se cedo e circulam durante períodos mais longos no sangue dos doentes, em comparação com outros parâmetros de stress oxidativo, como o dissulfureto de glutatião ou o malondialdeído, produto da peroxidação lipídica. A estabilidade química dos carbonilos proteicos torna-os alvos adequados para medição laboratorial e é também útil para o seu armazenamento (**Dalle-Donne** *et al.*, **2003)**

Estes radicais hidroxilo oxidam as cadeias laterais dos aminoácidos ou clivam a espinha dorsal da proteína, dando origem a numerosas modificações, incluindo carbonilos reactivos. Por exemplo, a oxidação da prolina e da arginina gera semialdeído glutâmico, enquanto a lisina é oxidada em semialdeído a-aminoadípico e as cadeias laterais da treonina em ácido a-amino-P-cetobutírico (figura 8) (**Moller** *et al.*, **2011**).

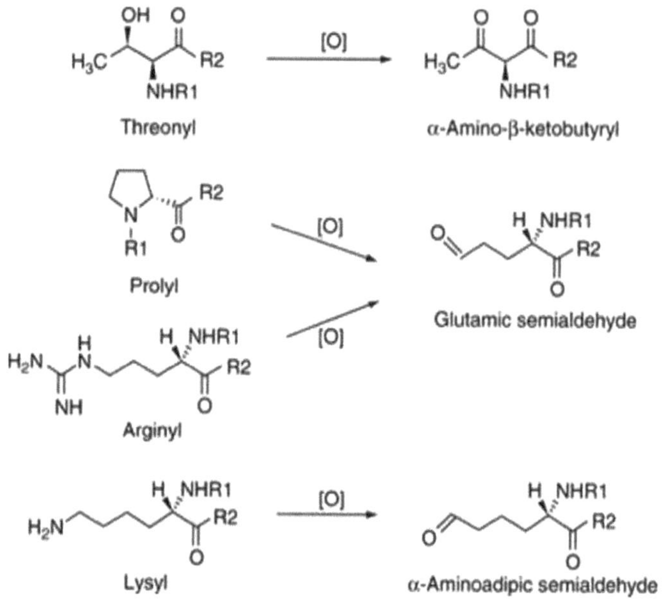

Figura (8): Introdução do grupo carbonilo nas proteínas por oxidação direta (**Moller** *et al.,* **2011**).

Os derivados proteicos de carbonilo também podem ser gerados em proteínas pela reação de grupos nucleófilos em proteínas, como as cadeias laterais de lisina, cisteína e histidina, com espécies reactivas de carbonilo (RCS) derivadas da oxidação de lípidos (por exemplo 4-hidroxinonenal, malondialdeído, acroleína, e hidratos de carbono (por exemplo, glioxal, metilglioxal), formando predominantemente bases de schiff ou aductos de Michael (figura 9) (**Fedorova** *et al.,* **2014**).

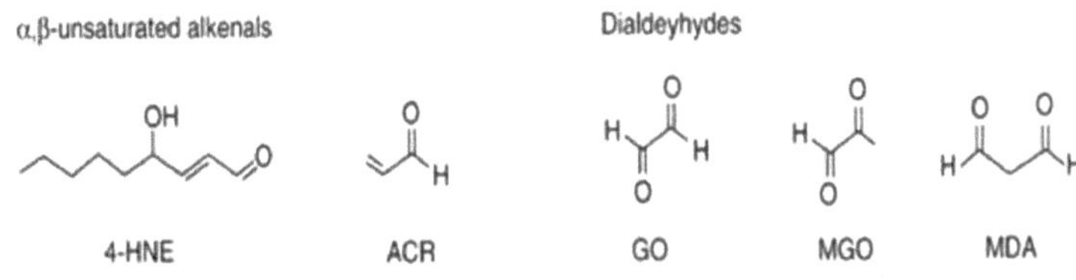

Figura (9): Introdução de grupos carbonilo através da reação de RCS com resíduos nucleofílicos (**Guo *et al.*, 2011**).

Os estudos sobre a formação de carbonilo proteico não conseguem distinguir entre os carbonilos produzidos através da oxidação direta das proteínas e os formados pela adição de moléculas previamente oxidadas, pelo que o PC deve ser considerado como um marcador geral de oxidação. De facto, níveis elevados de carbonilo são geralmente um sinal não só de stress oxidativo mas também de disfunção proteica derivada de doença (**Galligan *et al.*, 2012**).

Esta modificação oxidativa atrai uma atenção considerável para a investigação biomédica, porque pode alterar a função das proteínas e pode ser um indicador de risco de doença (**Galligan *et al.*, 2012**). Foram encontrados níveis elevados de carbonilo proteico numa série de doenças do SNC e estas elevações estão correlacionadas com a progressão ou a gravidade da doença, como a doença de Alzheimer (**Butterfield *et al.*, 2006**), a doença de Parkinson (**Keeney *et al.*, 2006**) e a esclerose múltipla (**Bizzozero *et al.*, 2005**).

Referências

Abruzzo, M., Ghezzo, A., Bolotta, A., Ferreri, C., Minguzzi, R., Vignini, A., Visconti, P., Marini, M. (2015): Perspetiva Marcadores biológicos para transtornos do espetro do autismo: Vantagens do uso de curvas caraterísticas de operação do recetor na avaliação da sensibilidade e especificidade do marcador. Marcadores *de doença*, 3(2), 96-201.

Al-Farsi, M., Al-Sharbati, M., Al-Farsi, A., Al- Shafaee, S., Waly, I. (2011). Breve relatório: prevalência de perturbações do espetro autista no Sultanato de Omã. *Journal of Autism and Developmental Disorders, 41(6),* 821-825.

Al-Salehi S.M., Al-Hifthy E.H. Ghaziuddin M., (2009): Autismo na Arábia Saudita: Presentation, clinical correlates and comorbidity. *Transcultural Psychiatry*, 46(2), 340-347.

Associação Americana de Psiquiatria (2000): Manual de diagnóstico e estatística das perturbações mentais (DSM-IV®). Washington, DC, 143-147.

Associação Americana de Psiquiatria (2013): Manual de diagnóstico e estatística das perturbações mentais (DSM-V®). American Psychiatric Pub.

Ankarali, S., Ankarali, H. C., Marangoz, C. (2009): Further evidence for the role of nitric oxide in maternal aggression: effects of L-NAME on maternal aggression towards female intruders in Wistar rats. *Physiological Research, 55(4),* 591-598.

Bayden, S., Yakovlev, A., Graves, P. R., Mikkelsen,B., Kellogg, E. (2011): Fatores que influenciam os modelos preditivos baseados na estrutura de nitração de tirosina de proteínas. *Biologia e Medicina dos Radicais Livres, 50(6),* 749-762.

Bizzozero, A., DeJesus, G., Callahan, K., Pastuszyn, A. (2005): Elevated protein carbonylation in the brain white matter and gray matter of patients with multiple sclerosis. *Journal of neuroscience research*, 81(5), 687-695.

Blaucok-Busch E., Amin. R., Dessoki H., Rabah T., (2012). Eficácia da terapia DMSA em uma amostra de crianças árabes com transtorno do espetro autista. *Maedica A Journal of Clinical Medicine, 7(3),* 214-221.

Butterfield, A., Reed, T., Newman, F., Sultana, R. (2007): Roles of amyloid P-peptide-associated oxidative stress and brain protein modifications in the pathogenesis of Alzheimer's disease and mild cognitive impairment. *Free Radical Biology and Medicine, 43(5),* 658-677.

Calabrese, V., Mancuso, C., Calvani, M., Rizzarelli, E., Butterfield, A., Stella, G. (2007): Nitric oxide in the central nervous system: neuroprotection versus neurotoxicity. *NatureReviewsNeuroscience, 5*(10), 766-775.

Cannell , J., (2010). On the aetiology of autism (Sobre a etiologia do autismo). *Ata Paediatrica,* 99(8), 1128-1130.

Chauhan, A., e Chauhan, V. (2015): Aumento da vulnerabilidade ao estresse oxidativo e disfunção mitocondrial no autismo. Em The *Molecular Basis of Autism,* 407-425.

Chauhan, A., e Chauhan, V. (2006): stress oxidativo no autismo. *Pathophysiology,* 13(3), 171-181.

Chauhan, A., Audhya, T., Chauhan, V. (2012): Desequilíbrio redox de glutationa específico da região cerebral no autismo. *Neurochemistry Research,* 37(8), 1681-1689.

Cidav, Z., Marcus, C., Mandell, S. (2014): Isenções baseadas em casa e na comunidade para crianças com autismo: efeitos no uso e nos custos do serviço. *Deficiências intelectuais e de desenvolvimento,* 52(4), 239-248.

Cristalli, O., Arnal, N., Marra, A., de-Alaniz, J., Marra, A. (2012) : Marcadores periféricos em doentes neurodegenerativos e nos seus familiares de primeiro grau. *Journal of the Neurological Sciences,* 314(1), 48-56.

Dalle-Donne, I., Giustarini, D., Colombo, R., Rossi, R., Milzani, A. (2003): Protein carbonylation in human diseases. *Trends Molecular Medicine,* 9(4):169-76.

Das, U. N. (2013): Autismo como um distúrbio de deficiência de fator neurotrófico derivado do cérebro e metabolismo alterado de ácidos graxos poliinsaturados. *Nutrição;* 29(10), 1175-1185.

Delorme, R., Betancur, C., Scheid, I., Anckarsater, H., Chaste, P., Jamain, S., Schuroff, F., Nygren, G., Herbrecht, E., Dumaine, A., Leboyer, M., Gillberg, C., Bourgeron, T. (2010): Triagem de mutação do gene NOS1AP em uma grande amostra de pacientes psiquiátricos e controles. *BMC Medical Genetics,* 11(1), 108-117.

Essa, M., Guillemin, J., Waly I., Al-Sharbati, M., Al-Farsi, M., Hakkim, L., Al-Shafaee, S. (2012): Aumento dos marcadores de stress oxidativo em crianças autistas do Sultanato de Omã. *Biological Trace Element Research,* 147(1), 25-27.

Fedorova, M., Bollineni, C., Hoffmann, R. (2014): Carbonilação de proteínas como uma das principais caraterísticas do dano oxidativo: atualização de estratégias analíticas. *Revisões de espetrometria de massa, 33*(2), 79-97.

Fombonne, E. (2009). Epidemiologia das perturbações pervasivas do desenvolvimento. *Investigação Pediátrica,* 65(6), 591-598.

Forman, J., e Torres, M. (2001): Redox signaling in macrophages. *Molecular aspects of medicine,* 22(4),189216.

Forstermann, U. (2010). Nitric oxide and oxidative stress I vascular disease. *Pflügers Archiv-European Journal of Physiology, 459(6},* 923-939.

Franco, C., Ricart, C., Gonzalez, S., Dennys, N., Nelson, A., Janes, S., Mehl, A., Estévez, G. (2015): A nitração de Hsp90 na tirosina 33 regula o metabolismo mitocondrial. *Journal of Biological Chemistry,* 290(31), 19055-19066.

Galligan, J., Smathers, L., Fritz, S., Epperson, E., Hunter, E., Petersen, R. (2012): Carbonilação de proteínas em um modelo murino para doença hepática alcoólica precoce. *Investigação química em toxicologia, 25*(5), 1012-1021.

Gardener, H., Spiegelman, D., Buka, L. (2009): Prenatal risk factors for autism: comprehensive meta-analysis (Factores de risco pré-natais para o autismo: meta-análise abrangente). *The British journal of psychiatry,* 195(1), 7-14.

Geschwind, D. (2011): Autismo: muitos genes, vias comuns? *Cell*, 135(3), 391-395.

Glessner, T., Wang, K., Cai, G., Korvatska, O., Kim, E., Wood, S., (2009). A variação do número de cópias do genoma do autismo revela genes da ubiquitina e neuronais. *Nature*, 459(7246), 569-573.

González-Fraguela, E., Hung, D., Vera, H., Maragoto, C., Noris, E. (2013): Marcadores de stress oxidativo em crianças com perturbações do espetro do autismo. *British Journal of Medicine and Medical Research*, 3(2), 307-317.

Good, P., (2010): Teste de amoníaco no sangue de crianças autistas. *Revista de medicina alternativa: uma revista de terapêutica clínica*, 15(3), 187-198.

Grzadzinski, R., Huerta, M., Lord, C. (2013): DSM-5 e transtornos do espetro do autismo (ASDs). Uma oportunidade para identificar subtipos de ASD. *Autismo Molecular*, 4(1), 1-12.

Granot, E., e Kohen, R. (2004): Oxidative stress in childhood in health and disease states. *Clinical Nutrition*, 23(1), 3-11.

Guo, J., Prokai-Tatrai, K., Nguyen, V., Rauniyar, N., Ughy, B., Prokai, L. (2011): Alvos proteicos para carbonilação por 4-hidroxi-2-nonenal em mitocôndrias de fígado de rato. *Journal of proteomics*, 74(11), 2370-2379.

Guthrie, W., Swineford, L. B., Nottke, C., Wetherby, A. M. (2013): Diagnóstico precoce da perturbação do espetro do autismo: estabilidade e mudança no diagnóstico clínico e na apresentação de sintomas. *Journal of Children Psychology and Psychiatry*, 54(5), 582-590.

Kaat, J., Gadow, D., Lecavalier, L. (2013): Comprometimento de sintomas psiquiátricos em crianças com transtornos do espetro do autismo. *Jornal de psicologia infantil anormal;* 41(6), 959-969.

Keeney, M., Xie, J., Capaldi, A., e Bennett, P. (2006): O complexo mitocondrial I do cérebro da doença de Parkinson tem subunidades oxidativamente danificadas e está funcionalmente comprometido e mal montado. *The Journal of neuroscience*, 26(19), 5256-5264.

Kinney D., Munir K., Crowley D., Miller A., (2008): Prenatal stress and risk for autism: *Neuroscience and Biobehavioral Reviews,* 32(8), 1519-1532.

Landrigan , J., (2010): O que é que causa o autismo? Explorando a contribuição ambiental: Current Opinion in *Pediatrics,* 22(9), 219-225.

Lima-Cabello, E., Garcia-Guirado, F., Calvo-Medina, R., el Bekay, R., Perez-Costillas, L., Quintero-Navarro, C., Sanchez-Salido, L., Diego-Otero, Y. (2016): Um metabolismo anormal do óxido nítrico contribui para o estresse oxidativo cerebral no modelo de camundongo para a síndrome do X frágil, um possível papel na deficiência intelectual. *Medicina oxidativa e longevidade celular,* 10(3), 115-126.

Lord C., Risi S., Lambrecht L., Cook E.H., Leventhal B.L., DiLavore P., Pickles A., Rutter M. (2000): The Autism Diagnostic Observation Schedule-Generic: Uma medida padrão dos défices sociais e de comunicação associados ao espetro do autismo. *Journal of Autism and Developmental Disorders,* 30(3), 205-223.

Maenner, J., Schieve, A., Rice, E., Cunniff, C., Giarelli, E. Kirby, S., Lee, L., Nicholas, S., Wingate, S., Durkin, S. 2013. Frequência e padrão de caraterísticas diagnósticas documentadas e a idade de identificação do autismo. *Journal of the American Academy of Child and Adolescent Psychiatry,* 52(4), 401-413.

Mendoza, L. (2010). A economia do autismo no Egito. *American Journal of Economics and Business Administration,* 2(1), 12-19.

Mekha, S., Shobha, I., Rajeshwari, U., Andallu, B. (2013): Envelhecimento e Artrite: Stress oxidativo e efeitos antioxidantes de ervas e especiarias, Annals of Phytomedicine, 2(2), 13-27.

Nazeer, A., e Ghaziuddin, M. (2012): Transtornos do espetro do autismo: caraterísticas clínicas e diagnóstico. *Clínicas Pediátricas da América do Norte,* 59(1), 19-25.

Pisoschi, M., e Pop, A. (2015): O papel dos antioxidantes na química do stress oxidativo: A review. *Revista Europeia de*

Química Medicinal, 97, 55-74.

Radi, R. (2012): Nitração de tirosina de proteínas: mecanismos bioquímicos e base estrutural de efeitos funcionais. *Contas da investigação química*, 46(2), 550-559.

Roberts, P., Schmidt, L., Egeth, M., Blaskey, L., Rey, M., Edgar, C., Levy, E. (2008): Electrophysiological signatures: magnetoencephalographic studies of the neural correlates of language impairment in autism spectrum disorders. *International Journal of Psychophysiology*, 68(2), 149-160.

Rose, S., Melnyk, S., Pavliv, O., Bai, S., Nick, G., Frye, E., James, J. (2012): Evidência de dano oxidativo e inflamação associada ao baixo status redox da glutationa no cérebro do autismo. *Psiquiatria Translacional*, 2(7), 134142.

Rutter, M. (2005): Incidência das perturbações do espetro do autismo: alterações ao longo do tempo e seu significado. *Ata Pediatrics*, 94(1), 2-15.

Rutter, M., Le Couteur, A., Lord, C. (2003): Autism diagnostic interview-revised. *Los Angeles, CA: Western Psychological Services*, 73(3), 319-328.

Samadi, A., e McConkey, R. (2011). Autismo nos países em desenvolvimento: Lessons from Iran. *Investigação e Tratamento do Autismo*, 5(3), 1-11.

Saxena, I., e Shekhawat, G. S. (2013). Óxido nítrico (NO) no alívio da fitotoxicidade induzida por metais pesados e seu papel na nitração de proteínas. *Nitric Oxide (Óxido Nítrico)*, 32, 13-20.

Schaefer, B., e Mendelsohn, J. (2013): Avaliação da genética clínica na identificação da etiologia das perturbações do espetro do autismo. *Genética em Medicina*, 15(5), 399-407.

Schopler, E., Reichler, J., Renner, R. (1993): The Childhood Autism Rating Scale (CARS). *Los Angeles, CA: Western Psychological Services*, 33(3), 319-328.

Schultz R., Stichter P., Herzog, J., McGhee, D., Lierheimer K., (2012): Intervenção de Competência Social para os Pais (SCI-P): Comparando os resultados de um programa de educação dos pais voltado para adolescentes com ASD. *Investigação e Tratamento do Autismo*, 6(8), 14-65.

Seif Eldin, A., Habib, D., Noufal, A., Farrag, S., Bazaid, K., Al-Sharbati, M., Badr, H., Moussa, S., Essali, A., Gaddour, N. (2008). Utilização do M-CHAT para um rastreio multinacional de crianças pequenas com autismo nos países árabes. *International Review of Psychiatry*, 20(3), 281289.

Sies, H. (2015): Stress oxidativo: um conceito em biologia redox e medicina. *Redox biology*, 4, 180-183.

Smaga, I., Niedzielska, E., Gawlik, M., Moniczewski, A., Krzek, J., Przegalinski, E., Pera, J., Filip, M., (2015): O stress oxidativo como um fator etiológico e um potencial alvo de tratamento de transtornos psiquiátricos. Parte 2. Depressão, ansiedade, esquizofrenia e autismo. *Pharmacological Reports*, 67(3), 569-580.

Takahashi, H., Kamio, Y., Tobimatsu, S. (2016): Transtorno do Espectro do Autismo. *Em Aplicações Clínicas da Magnetoencefalografia*, 247-274.

Taha, R., e Hussein, H. (2014): Perturbações do espetro do autismo nos países em desenvolvimento: Lições do mundo árabe. *Em Comprehensive guide to autism*, 2509-253.

Teixeira, D., Fernandes, R., Prudencio, C., Vieira, M. (2016): Métodos de quantificação de 3-Nitrotirosina: Conceitos actuais e desafios futuros. *Biochimie*, 125, 1-11.

Thanan, R., Oikawa, S., Hiraku, Y., Ohnishi, S., Ma, N., Pinlaor, S., Yongvanit, P., Kawanishi, S., Murata M. 2013: O stress oxidativo e os seus papéis significativos nas doenças neurodegenerativas e no cancro. *Revista internacional de ciências moleculares*, 16(1), 193-217.

Veenstra-Vanderweele, J., Cook, Jr., Lombroso, J. (2003) : Genética das perturbações da infância: XLVI. Autismo, parte 5: genética do autismo. *Journal of the American Academy of Child and Adolescent Psychiatry*, 42(1), 116-118.

Verma, K., Mehta, K., Shekhawat, S. (2013): O óxido nítrico (NO) neutraliza a citotoxicidade induzida pelo cádmio processos mediados por espécies reactivas de oxigénio (ERO) em Brassica juncea: relações cruzadas entre ERO, NO e respostas antioxidantes. *Biometals*, 26(2), 255-269.

Volkmar, R., e McPartland, C. (2014): De Kanner ao DSM-5: o autismo como um conceito de diagnóstico em evolução. *Revisão anual de psicologia clínica*, 10, 193-212.

Won, H., Mah, W., Kim, E. (2013): Causas, mecanismos e tratamentos do transtorno do espetro do autismo: foco nas sinapses neuronais. *Fronteiras em neurociência molecular*, 6 (19), 126.

Yao, K., e Keshavan, S. (2011): Antioxidantes, sinalização redox e fisiopatologia na esquizofrenia: uma visão integrativa. *Antioxidantes e sinalização redox*, 15(7), 2011-2035.

Yui, K., Kawasaki, Y., Yamada, H., e Ogawa, S. (2016): Estresse oxidativo e óxido nítrico no transtorno do espetro do autismo e outros distúrbios neuropsiquiátricos. CNS and Neurological Disorders-Drug Targets, 15(5), 587-596.

Zerbo, O., Qian, Y., Yoshida, C., Grether, K., Van de Water, J., Croen, A. (2015): Infeção materna durante a gravidez e transtornos do espetro do autismo. Journal of autism and developmental disorders, 45(12), 4015-4025.

Índice

I want morebooks!

Buy your books fast and straightforward online - at one of world's fastest growing online book stores! Environmentally sound due to Print-on-Demand technologies.

Buy your books online at
www.morebooks.shop

Compre os seus livros mais rápido e diretamente na internet, em uma das livrarias on-line com o maior crescimento no mundo! Produção que protege o meio ambiente através das tecnologias de impressão sob demanda.

Compre os seus livros on-line em
www.morebooks.shop

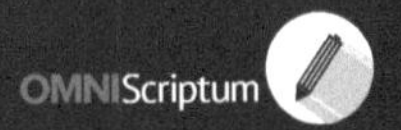

Printed by Books on Demand GmbH, Norderstedt / Germany